Zaza Lezhava
Kukuri Tsikarishili
Lasha Asanidze

Investigação ecológica das águas cársicas na parte central da Geórgia

Zaza Lezhava
Kukuri Tsikarishili
Lasha Asanidze

Investigação ecológica das águas cársicas na parte central da Geórgia

ScienciaScripts

Ivane Javakhishvili Universidade Estatal de Tbilisi Instituto de Geografia Vakhushti
Bagrationi Clube de Espeleologia da Geórgia

Zaza Lezhava, Kukuri Tsikarishvili, Lasha Asanidze, Nana Bolashvili, Nino Chikhradze, George Chartolani

INVESTIGAÇÃO ECOLÓGICA DAS ÁGUAS CÁRSICAS NA PARTE CENTRAL DA GEÓRGIA

Tbilisi

2017

A monografia "Investigação ecológica das águas cársicas na parte central da Geórgia" apresenta os resultados dos estudos cársicos-espeleológicos efectuados na parte central da Geórgia, nomeadamente no planalto estrutural de Chiatura, na região de Imereti. São apresentadas as complicadas condições geo-ecológicas criadas no município de Chiatura e as consequências adversas que lhes estão associadas.

Com base em estudos de campo, laboratoriais e experimentais, foram revelados os centros básicos e as causas da poluição por turvação das fontes cársicas envolvidas no sistema de abastecimento de água da cidade de Chiatura e das aldeias adjacentes. Os resultados do estudo e as recomendações desenvolvidas com base neles fornecerão uma ajuda significativa na resolução dos problemas existentes no abastecimento de água à cidade de Chiatura e aldeias adjacentes, que continuam a ser actuais para a região.

Estes estudos foram realizados com o apoio ativo da Embaixada da Eslováquia no âmbito do projeto "Monitorização das águas potáveis poluídas de Chiatura" (Pequenas subvenções: № SAMRS/2016/SG/04/GE), financiado pela Agência Eslovaca de Cooperação para o Desenvolvimento Internacional.

Editor: **George Lominadze** - Doutor em Geografia

Revisores: **Merabi Gongadze** - Doutor em Geografia, Professor Associado
Tamazi Karalashvili - Doutor em Geografia

ÍNDICE DE CONTEÚDOS

Prefácio

Nas condições do progresso científico-técnico, a esfera da produção global abrange praticamente toda a área geográfica. Juntamente com os processos endógenos e exógenos permanentemente activos, surgiu um terceiro fator, poderoso, tecnogénico (antropogénico), equivalente a eles; o seu impacto excede frequentemente o impacto dos processos naturais. A atividade económica ameaçou o equilíbrio dinâmico estabelecido durante um longo período geológico.

Nas últimas décadas do século XX, para a maioria da população do planeta, a proteção contra as catástrofes naturais, o funcionamento seguro das instalações agrícolas e de engenharia e a garantia de condições sustentáveis do ambiente constituem o problema socioeconómico e ecológico mais importante. Este problema torna-se mais atual no início do século XXI, quando a destruição do equilíbrio do ambiente aumenta e ocorre a ativação extrema de catástrofes naturais e tecnológicas.

Na Geórgia, o município de Chiatura é um bom exemplo do que foi acima referido, onde, devido à exploração incorrecta de manganês, se verifica uma transformação antropogénica do relevo e, consequentemente, alterações quantitativas e qualitativas do solo e dos recursos hídricos.

O estudo do complexo cársico do planalto de Chiatura (Zemo Imereti) é ditado pelos interesses de uma gestão racional da economia nesta região. Os efeitos antropogénicos (minas, construção, actividades agrícolas, etc.) no ambiente aumentaram consideravelmente, o que tem vindo a aumentar com o tempo. As consequências do intenso impacto humano sobre a natureza são largamente negativas e exprimem-se pela transformação acentuada dos componentes da paisagem. Este processo revela-se de forma especialmente intensa nas zonas cársicas, nomeadamente no que respeita às águas cársicas.

As águas cársicas são dominantes no abastecimento de água à população da cidade de Chiatura e das aldeias adjacentes, e satisfazem inteiramente a procura de água potável e técnica, embora devido à frequente e, por vezes, catastrófica poluição por turvação, a sua utilização seja dificultada e a população fique sem água durante um certo período.

É de salientar que, durante o funcionamento normal do abastecimento de água, a água potável não é fiável e contém algumas misturas em quantidade crescente. Muitas vezes os investigadores descobriram colibactérias (bacilos intestinais), hidrogénio sulfuroso e outros elementos perigosos para a saúde humana. Há 3-4 décadas que a população da cidade de Chiatura vive com estes problemas.

Com base nisto, os trabalhos, realizados com o apoio financeiro da Agência Eslovaca de Cooperação para o Desenvolvimento Internacional, destinavam-se a melhorar o abastecimento de água do município de Chiatura, o que é de importância vital para a região, que enfrenta dificuldades de desenvolvimento socioeconómico.

No processo de trabalho, aplicámos os métodos testados no estudo dos territórios cársicos clássicos. O estudo geológico, geomorfológico e cársico-espeleológico de campo do território de pesquisa foi realizado por nós. Na generalização dos materiais utilizámos o método cartográfico de pesquisa e também a descodificação de imagens aéreas. Através da descodificação estrutural das imagens aéreas, foi elaborado um esquema detalhado dos deslocamentos das falhas e ajustadas as regularidades da distribuição das formas cársicas. Os dados de sondagem e a análise do material cartográfico serviram de base para o esquema geral da situação hidrogeológica, que foi demonstrado também por experiências indicadoras. Nalgumas fontes cársicas foram realizadas observações do regime e pesquisas hidroquímicas. Foram identificados os principais centros e factores de poluição por turvação das águas cársicas.

A rede de colectores cársicos foi estudada através do método de rastreio de corantes (experiência indicadora) dos cursos de água subterrâneos e o esquema da sua distribuição foi compilado. A utilização do método de rastreio de corantes permitiu-nos encontrar as bacias de alimentação dos cursos de água subterrâneos, as suas rotas de movimento e os centros de descarga. Com base nas experiências indicadoras, as bacias de alimentação das fontes cársicas utilizadas para o abastecimento de água de Chiatura foram consideravelmente especificadas.

Investigações de campo e de laboratório demonstraram um papel ativo do fator tecnogénico na génese do carste, na poluição das fontes por turbidez, provocando e activando outros processos exodinâmicos. Foram desenvolvidas recomendações práticas para minimizar a intensidade dos fenómenos exodinâmicos provocados por processos tecnogénicos e para prevenir a poluição das águas cársicas. As recomendações, elaboradas no âmbito do projeto, foram entregues aos órgãos das autoridades locais.

Os estudos mencionados foram realizados no âmbito do projeto "Monitorização das águas potáveis poluídas de Chiatura" (Pequenas Subvenções: № SAMRS/2016/SG/04/GE), financiado pela Agência Eslovaca de Cooperação para o Desenvolvimento Internacional, com o apoio do Instituto de Geografia TSU Vakhushti Bagrationi e do Clube de Espeleologia da Geórgia; os seus membros são o pessoal-chave do projeto - Médicos da Geórgia: Zaza Lezhava (gestor científico do projeto), Kukuri Tsikarisvili e Nana Bolashvili, e o pessoal assistente: Lasha Asanidze-Doutor em Geografia, Nino Chikhradze-Aluno de doutoramento e George Chartolani-Bacharel em Geografia (Figura 1).

Figura 1. Participantes no projeto e representantes do município local

Introdução

O município de Chiatura é uma unidade administrativo-territorial (Figura 2) na região de Imereti ou na parte central da Geórgia (Figura 2).

Figura 2. Localização do município de Chiatura no mapa esquemático da Geórgia

A nordeste, o município de Chiatura faz fronteira com o município de Sachkhere, a sudoeste com o município de Kharagauli, a oeste com os municípios de Zestaponi e Terjola e a noroeste com os municípios de Tkibuli e Ambrolauri. A área total do território é de 542,5 km^2 . O centro é a cidade de Chiatura, que abrange 60 aldeias e povoações.

O município de Chiatura está situado no planalto de Zemo Imereti, que inclui a parte mais oriental da cintura calcária da Geórgia Ocidental. O planalto calcário é caracterizado por condições naturais peculiares (relevo, tectónica, clima, águas superficiais e subterrâneas) e representa uma das regiões mais importantes de carste de plataforma em todo o Cáucaso (Maruashvili, 1961; Tintilozov, 1976; Lezhava, 2015; Asanidze et al., 2017).

O desfiladeiro do rio Kvirila divide a região cársica nas partes norte e sul (Figura 3). A superfície uniforme do planalto é fragmentada pelas gargantas estreitas em forma de canyon dos afluentes (rios Jruchula, Nekrisa, Bogiristskali, Tabagrebisghele, Rganiseghele, Katskhura, Sadzalikhevi, etc.) do rio Kvirila. Entre eles encontram-se os maciços calcários morfologicamente separados (Sareki, Darkveti-Zodi, Mghvimevi, Bunikauri, Tabagrebi, Rgani, Perevisa, Shukruti, Itkhvisi, Sveri, Merevi, etc.), cuja altura absoluta é de 550-800 metros acima do nível do mar.

Figura 3. Cidade de Chiatura (foto de Lado Mumladze)

O município de Chiatura é um dos mais importantes distritos industriais da Geórgia. Aqui, a extração de manganês tem mais de 100 anos de história e este processo ainda está em curso. Infelizmente, garantir uma gestão razoável da influência antropogénica no ambiente é um problema difícil hoje em dia.

O planalto estrutural de Chiatura é uma das regiões mais danificadas da Geórgia em termos de geoecologia cársica, o que está principalmente relacionado com a extração incorrecta de manganês, que, consequentemente, conduziu a uma expansão acentuada dos territórios cársicos envolvidos na atividade económica e aumentou os fenómenos negativos relacionados com o carste.

A deformação da superfície do relevo adquiriu um carácter sistemático na região de distribuição do manganês; os processos exodinâmicos também foram activados; o relevo, o regime e a química das águas cársicas superficiais e subterrâneas foram modificados, e o mais alarmante é o facto de as fontes de água potável estarem a ser poluídas (Lezhava, et al., 1989; Lezhava, et al., 1990; Lezhava, 2015). A cidade de Chiatura e as aldeias adjacentes são abastecidas principalmente com águas cársicas vaucluse e é fácil imaginar os graves problemas criados no abastecimento de água à população (Lezhava et al, 2017; Asanidze et al, 2017).

Capítulo 1

Principais factores de formação das águas cársicas subterrâneas

O planalto estrutural de Chiatura é uma das partes mais interessantes da evolução do relevo cársico e é a parte composta da cintura cársica da planície intermontana da Geórgia. Esta região cársica compreende a parte mais oriental da cintura cársica da Geórgia central e representa uma das mais importantes regiões de plataforma cársica do Cáucaso.

Geológica e estruturalmente, enquanto parte do bloco da Geórgia, é representada por dois níveis estruturais: a fundação pré-cretácica e a cobertura da plataforma cretácica-neogénica; paleogeograficamente, esta última está dividida em dois subníveis sub-horizontais: o carbonato cretácico e o terriço neogénico.

As condições estruturais-tectónicas e a estrutura geológica da área de estudo foram estudadas a fim de determinar a formação e a direção das águas cársicas subterrâneas nas condições da plataforma cársica.

1.1 Condições estruturais-tectónicas

Os levantamentos de campo e os trabalhos de gabinete por nós realizados permitiram identificar que as condições estruturais-tectónicas do território mencionado desempenham um papel importante na formação e nas peculiaridades de movimento das águas cársicas subterrâneas da região de Chiatura. Para o estudo avançado da situação tectónica, descodificámos as imagens aéreas do planalto estrutural de Chiatura, o que nos permitiu elaborar um esquema detalhado dos deslocamentos das falhas e especificar as tendências de distribuição das formas cársicas. Com base na descodificação, foi revelada a densa rede de falhas e fissuras de várias direcções, até então desconhecidas. Os deslocamentos das falhas parecem controlar a absorção dos fluxos subterrâneos e as rotas do seu movimento (Lezhava et al, 2015). São especialmente dignas de nota as falhas submeridionais e sublatitudinais e os locais de cruzamento, aos quais estão relacionadas as saídas de água subterrânea e, em geral, a intensificação das formações cársicas (Figura 4).

Parece que o papel principal na formação do relevo cársico do planalto estrutural de Chiatura pertence a uma tectónica de blocos (Gamkrelidze, 1969; Lezhava, 2015), o que também é claramente visto pela descodificação estrutural das imagens aéreas. O mesmo se aplica à topografia do leito (Figura 5) da fase tectónica superior (Mesozoico-Cenozoico) do planalto, que restaurámos com base na análise dos furos de sondagem e das secções geológicas (Figura 6).

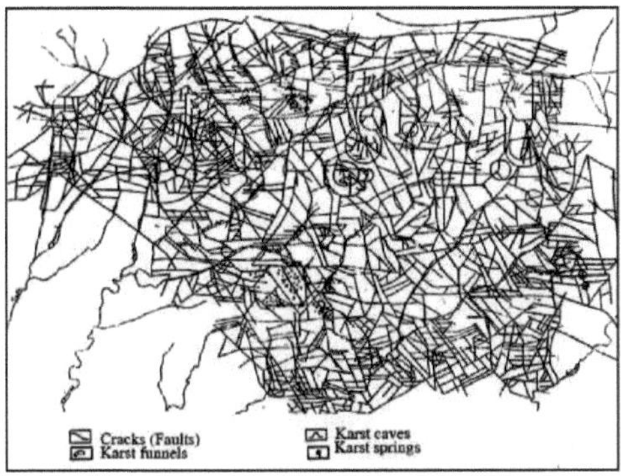

Figura 4. Esquema de deslocação de falhas do planalto estrutural de Chiatura (compilado por descodificação das imagens aéreas)

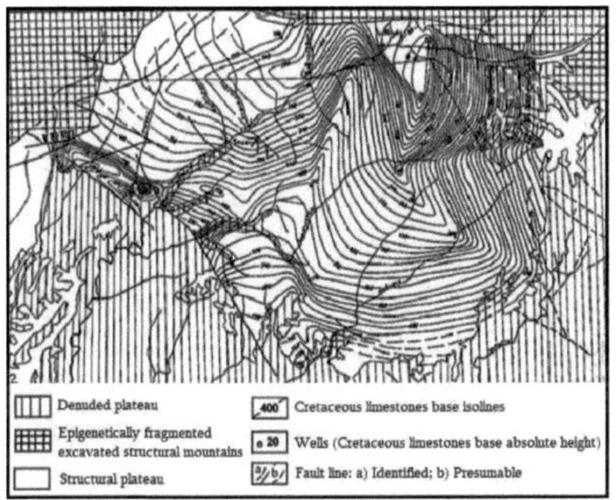

Figura 5. Topografia da camada inferior da fase tectónica superior (Mesozoico-Cenozoico) do planalto estrutural de Chiatura

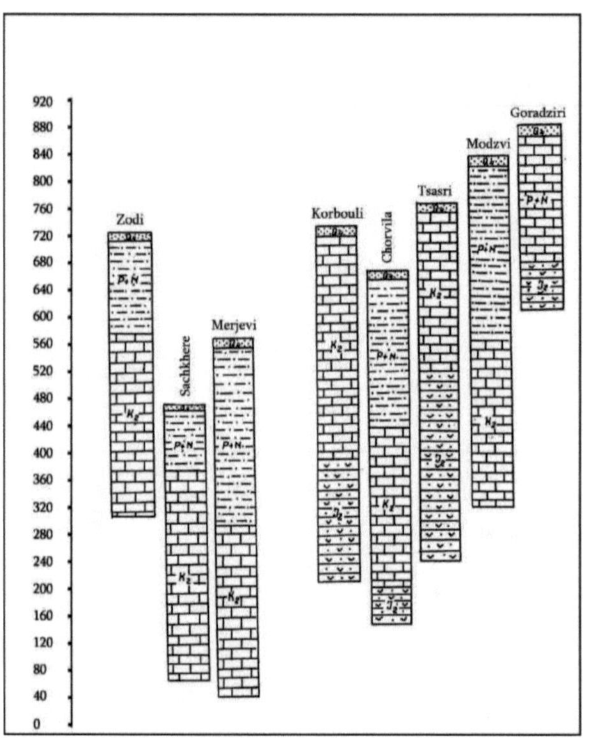

Figura 6. Secção geológica dos furos de sondagem no planalto estrutural de Zemo Imereti (Chiatura)

Com base nos materiais acima mencionados, efectuámos o zonamento paleomorfostrutural do planalto estrutural de Chiatura e separámos as duas bacias hidrogeológicas, nas quais foram documentadas as zonas de concentração de água cársica (áreas prospectivas de abastecimento de água potável), em particular, sob o leito do rio Jruchula e nas imediações de Sachkhere, de onde é possível obter águas limpas através dos poços para o abastecimento de água da cidade de Chiatura e arredores (Figura 7).

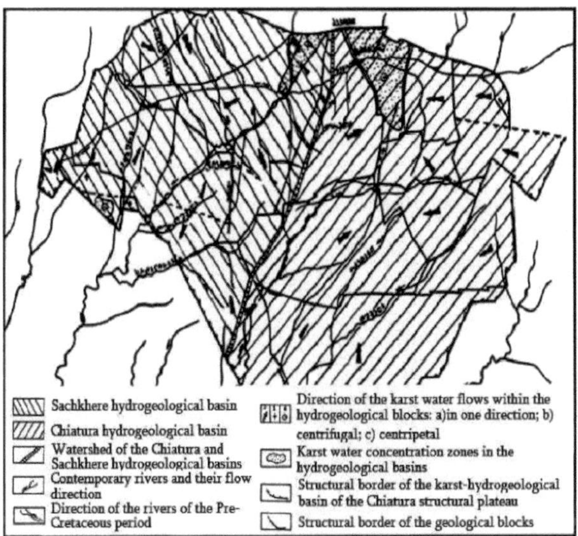

Figura 7. Zonagem paleomorfostrutural do bloco submerso do planalto estrutural de Chiatura (segundo o esquema geral da situação hidrogeológica)

Durante a separação dos blocos individuais com as linhas de falha, foi tido em consideração que a formação cristalina dentro do planalto estrutural de Chiatura foi elevada a diferentes alturas, e a secção de cobertura sedimentar e capacidade é também diferente. A direção do movimento das águas cársicas subterrâneas no interior dos blocos individuais separados pelas falhas parece ser diferente, mas não é de excluir que haja também um deslocamento de água entre os blocos. No interior dos blocos individuais e ao mesmo tempo, as tendências do tráfego das águas cársicas subterrâneas foram praticamente confirmadas na bacia hidrológica de Chiatura com base nas experiências indicadoras por nós efectuadas (Figura 28).

Assim, as perturbações por falhas de blocos, juntamente com a intensa fragmentação em profundidade, desempenham um papel essencial na carsto- e espeleogénese do planalto estrutural da Chiatura, identificando as suas características morfológicas, as características hidrológico-hidrogeológicas dos cursos subterrâneos e controlando os centros de absorção dos cursos subterrâneos e as suas vias de circulação.

Além disso, tendo em conta a estrutura geológica dos territórios vizinhos e os deslocamentos de falhas, pode ser possível que águas "estranhas" entrem a partir da vertente norte da cordilheira calcária de Racha na bacia subterrânea comum do planalto estrutural de Zemo Imereti (Chiatura); isto é possível devido ao seu estreito pescoço de ligação (1,5-2 km) (Figura 9) composto por calcários Hauterivianos. As circunstâncias acima mencionadas dão ao sistema de abastecimento de água do município de Chiatura a perspetiva de uma proteção completa contra a poluição da água. Por conseguinte, no futuro, é necessário efetuar experiências de indicadores em grande escala na área acima referida.

1.2 Estrutura geológica

Na Geórgia, o carste está representado apenas na parte ocidental do país e ocupa mais de 7% de todo o território da Geórgia (Asanidze et al, 2013a; Asanidze et al, 2013b). A linha cársica ao longo da encosta sul da cordilheira do Cáucaso estende-se por 325 km de comprimento, desde o rio Psou até à área do lago Ertso.

Foram estudadas as peculiaridades geológicas da região. A cobertura da plataforma do planalto de Chiatura, que é o principal objeto do nosso estudo, é representada por duas fases sub-horizontais: Rochas carbonatadas do Cretáceo e depósitos neogénicos-terrígenos (Gamkrelidze, 1969). Os calcários cretácicos estão muito disseminados no planalto estrutural de Chiatura e atingem larguras significativas, cuja capacidade varia entre 50-320 m e atinge 230-240 m em média (Kakhadze, 1941).

Os sedimentos terciários também estão espalhados na região, que se encontram no topo dos calcários do Cretáceo Superior de forma transgressiva. Ao mesmo tempo, os sedimentos do Terciário, assim como os do Cretáceo Superior, são caracterizados pela disposição horizontal dentro do planalto estrutural (Figuras 8 e 9).

A secção de sedimentos terciários começa com os sedimentos oligocénicos e miocénicos e é constituída principalmente por argilas não carbonatadas e arenitos quartzosos. No planalto estrutural de Chiatura (nas imediações da cidade de Chiatura), os depósitos de manganês de Chiatura estão relacionados com os sedimentos mencionados. Nas imediações dos depósitos mencionados, as suites dividem-se litologicamente em três partes: a parte inferior, designada por horizonte de minério inferior, é constituída por cascalhos e arenitos de quartzo; o horizonte de minério inferior está a ser substituído pelas chamadas suites produtivas, que se apresentam pela alternância de camadas finas contendo manganês e rochas más (areias e argilas).

A capacidade das suites produtivas varia de vários metros a 12-15 metros. As suites produtivas na zona mineira de Chiatura são cobertas por arenitos espongolíticos de camada fina e arenitos argilosos a partir do topo, que são seguidos a partir do topo por calcários cinzentos de camada fina.

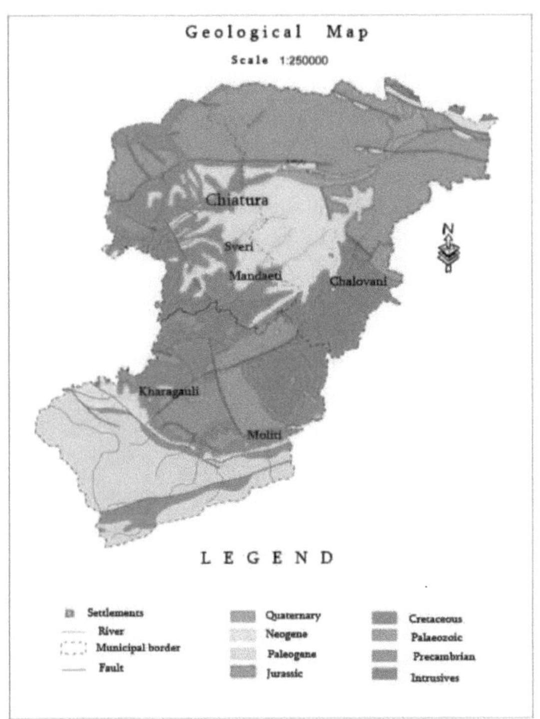

Figura 8. Mapa geológico do planalto de Zemo Imereti

A espessura das séries mencionadas varia entre 10-90 m na zona mineira (Figura 9).

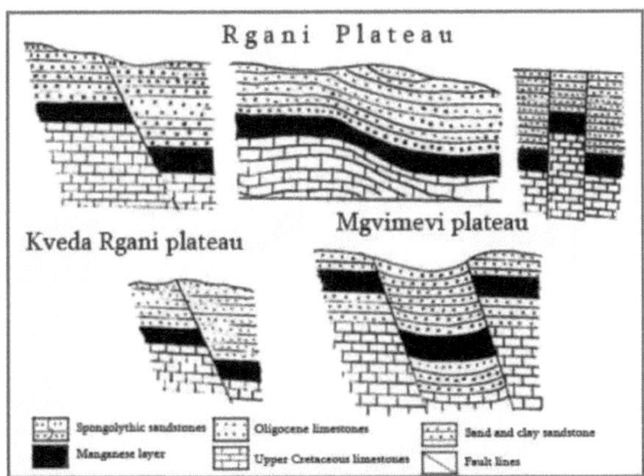

Figura 9. Disposição dos deslocamentos de falha e das camadas de manganês no planalto estrutural de Chiatura

Uma distribuição significativa tem os depósitos do Miocénico médio (Chokrak, Karagan, Konka, Sarmatian), que cobrem as formações mais antigas de forma transgressiva.

Assim, com base nos inquéritos documentais e de campo, pode dizer-se que a situação na área investigada é a seguinte: na área significativa do planalto estrutural de Chiatura, os calcários do Cretáceo Superior estão cobertos pelas camadas areno-argilosas do Oligoceno e do Mioceno, devido às quais a circulação da água em profundidade é algo complicada e, por conseguinte, a velocidade do processo cársico deve ser abrandada. Além disso, as precipitações atmosféricas são filtradas através das camadas areno-argilosas antes de penetrarem nas fissuras cársicas e, desta forma, penetram nas rochas calcárias.

Estas condições naturais são frequentemente violadas na região de Chiatura devido às actividades industriais e agrícolas, estando em curso uma intensa destruição da cobertura superior dos calcários. Nas áreas onde se dá a destruição da cobertura, os processos cársicos ocorrem intensamente e as correntes subterrâneas, sob a forma de água turbulenta e contaminada, fluem através do solo complicado para as fissuras e ponors desenvolvidos nos calcários, de onde chegam às fontes cársicas utilizadas para água potável. Como prova, compilámos os diagramas de blocos (Figura 10) para mostrar a situação geológica e hidrogeológica de um dos planaltos.

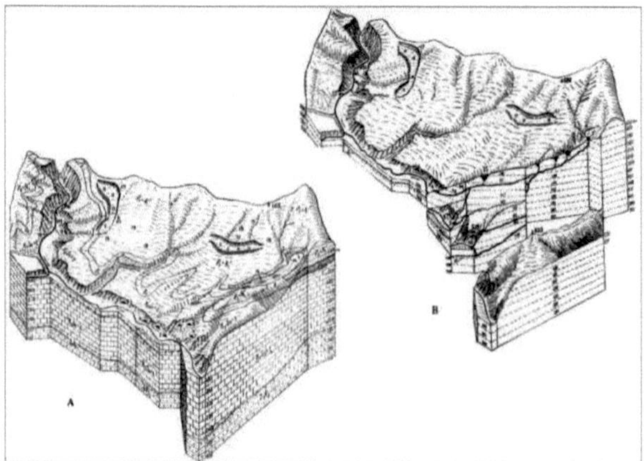

Figura 10. Condições geológicas do desenvolvimento dos fenómenos cársicos (A) e situação hidrogeológica (B) no planalto de Darkveti-Zodi (diagramas de blocos)

Capítulo 2

Fontes cársicas importantes

Não foram efectuadas observações do regime das fontes cársicas na área investigada. Por conseguinte, na sua caraterização, baseamo-nos principalmente nos materiais recolhidos durante os nossos levantamentos de campo ao longo dos anos.

Na área investigada, as fontes diferem pela distribuição altitudinal (de 300 m a 1800 m acima do nível do mar), débito (máximo de 300-400 l/seg) e regime (Tabelas 1 e 2).

Tabela 1. Descargas e temperaturas médias anuais das fontes cársicas nos meses V-VI-VII

Name	May		June		July	
	Debit, l/sec.	Water temper., t°C	Debit, l/sec.	Water temper., t°C	Debit, l/sec.	Water temper., t°C
Ghrudo	360	10,2	300	13,4	290	15,5
Monasteri	240	11,3	200	12,5	185	13,8
Lezhubani	130	11,3	180	12,0	66,5	12,0
Sakurdghlia	0,8	11,3	0,5	12,2	0,4	12,6
Tavistkivili	-	-	1,2	7,5	0,8	7,0
Tiri	-	-	130	12,0	100	12,4
Kldistskaro	-	-	-	-	2,0	11,0
Shvilobisa	-	-	7	11,2	6,5	11,0
Katskhura I	-	-	5,5	11,5	-	-
Katskhura II	-	-	28,5	11,5	-	-
Katskhura III	-	-	45	12,0	-	-
Khvedelidzeebi	-	-	0,8	13,0	0,3	13,6
Ormoebi	-	-	-	-	0,5	14,0
Tskhrapira	-	-	95	12,0	72,5	12,0

De acordo com as condições de escoamento à superfície, a maior parte das fontes são de tipo descendente. Encontram-se também as fontes ascendentes (de pressão), que se escoam principalmente ao nível dos leitos dos rios. A formação destas últimas está relacionada com as condições litológicas ou tectónicas locais.

Tabela 2. Descargas e temperaturas médias anuais das fontes cársicas nos meses VIII-X-II

Name	August Debit, l/sec.	August Water temper., t°C	October Debit, l/sec.	October Water temper., t°C	February Debit, l/sec.	February Water temper., t°C
Ghrudo	210	16,0	260	14,0	180	9,2
Monasteri	150	12,6	185	12,4	145	11,2
Lezhubani	62,5	12,8	88	12,2	72,5	11,4
Sakurdghlia	0,4	12,4	-	-	-	-
Tavistkivili	-	-	0,5	7,2	0,3	7,0
Tiri	85	12,6	128,5	12,2	95	11,0
Kldistskaro	-	-	1,7	11,0	1,2	7,0
Shvilobisa	5,4	11,2	6,7	11,4	3,4	10,6
Katskhura I	-	-	5	11,6	-	-
Katskhura II	-	-	23,5	11,4	-	-
Katskhura III	-	-	36,8	12,5	-	-
Khvedelidzeebi	0,1	13,8	-	-	0,5	6,8
Ormoebi	0,1	15,2	-	-	0,3	5,0
Tskhrapira	-	-	87,5	12,2	75	11,4

As temperaturas das fontes cársicas no planalto de Zemo Imereti variam entre 5-16^0 C. Nos meses mais frios (janeiro-fevereiro), as temperaturas variam principalmente entre 5-11,5^0 C, e nos meses quentes (julho-agosto) - entre 11-13^0 C.

Na área investigada, verifica-se uma diminuição das temperaturas juntamente com o aumento das alturas absolutas do escoamento das fontes cársicas (Figura 11).

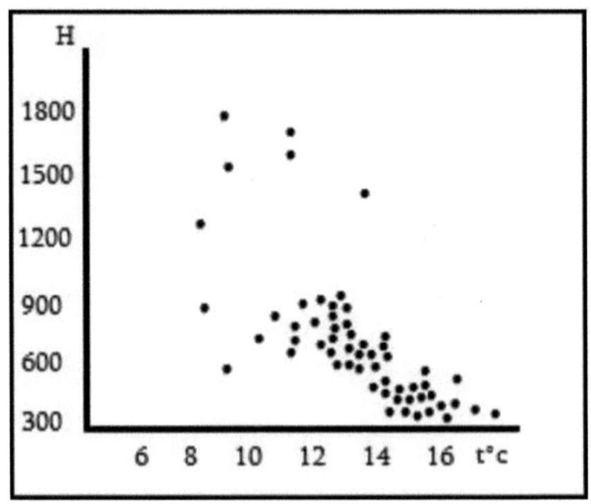

Figura 11. Relação das temperaturas da água cársica com a altura da área

Para além disso, a mineralização das águas varia entre 160-2290 mg/l; basicamente, situa-se entre 200-600 mg/l e mantém-se inalterada de acordo com a altura da área (Figura 12).

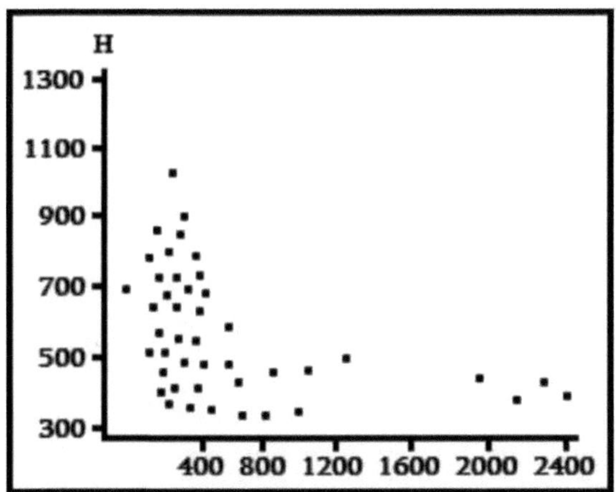

Figura 12. Relação da mineralização da água cárstica com a altura da área

De entre as fontes subterrâneas conhecidas da região, vale a pena mencionar a vaucluse de Ghrudo. Atualmente, devido à poluição pesada e frequente, o Ghrudo vaucluse é utilizado como água técnica (Lezhava, etc., 1989). A saída do caudal forte de Ghrudo (300 ml/ano) coincide com a zona de travessia das fissuras nos calcários de camadas espessas do Cretácico Superior. Ghrudo é uma fonte típica de vaucluse cársica que se alimenta basicamente das correntes de superfície que fluem para as formas de relevo negativas (sinkholes, ponors, fissuras, etc.), bem como das águas que vazam dos leitos dos rios. De acordo com as observações visuais no terreno, identificou-se que a variação da precipitação atmosférica se reflecte no atraso (3-10 dias) da descarga das águas do Ghrudo.

A tendência acima referida é geralmente caraterística das fontes cársicas situadas no limite da flutuação sazonal dos níveis e das zonas de saturação total. A nascente de Ghrudo, tal como algumas das nascentes vaucluse do planalto estrutural (Monastery, Tiri, Lejubani, Kldekari), é muito turbulenta periodicamente durante os períodos de chuva, o que se deve principalmente a factores antropogénicos.

Como as experiências com indicadores provaram, o Ghrudo vaucluse tem uma bacia subterrânea muito grande. A quantidade máxima de descarga de água ocorre em abril e coincide com as cheias dos rios; posteriormente, a descarga diminui gradualmente e o mínimo ocorre em agosto e setembro. Para a maior parte das fontes cársicas de Zemo Imereti, a descarga máxima também é caraterística de abril, enquanto para algumas delas é em maio (a descarga de maio excede ligeiramente a de abril). Para a maioria das fontes, a descarga mínima é destacada em agosto-setembro, após o que há um aumento acentuado da descarga de água a partir de novembro; há um máximo secundário fracamente expresso em dezembro, e depois, um mínimo secundário - em fevereiro.

As zonas hidrodinâmicas das águas das fissuras-cársicas estão bem representadas no planalto estrutural de Chiatura e, ao mesmo tempo, as experiências indicadoras confirmaram a existência de um nível unificado de águas subterrâneas ou de um sistema hidrológico de águas subterrâneas no planalto da plataforma.

Na **zona de arejamento (I)** existe um movimento descendente das águas cársicas que são alimentadas por águas atmosféricas e superficiais de infiltração e afluência. A absorção das águas superficiais está principalmente relacionada com as áreas tectonicamente enfraquecidas, bem como com as formas cársicas (sumidouros, pontões e grutas). Os processos cársicos nesta zona dependem inteiramente da precipitação acima referida e, por conseguinte, o seu curso intensivo coincide com os períodos de precipitação atmosférica abundante e de fusão da neve. Assim, a intensidade dos processos cársicos na zona de aeração é caracterizada por uma ritmicidade sazonal, que também se reflecte nas fontes relacionadas com esta zona.

O limite inferior da zona acima referida coincide com a superfície, à qual as águas subterrâneas chegam no período da sua máxima subida. As fontes, relacionadas com a zona de arejamento, fluem a diferentes alturas do nível do rio. Os seus débitos oscilam principalmente entre 0,1 -10 l/s, e por vezes, até entre 20-30 l/s. Na zona de arejamento formam-se poços, poços e abismos. A força do arejamento ou de uma zona de circulação vertical no território investigado é de 150 a 200 metros.

No planalto de Chiatura, no limite da zona de arejamento e da zona de saturação completa, existe uma **zona de flutuação sazonal** bem expressa **(II)**, que se distingue pela variabilidade sazonal das águas cársicas. Esta zona tem um carácter transitório com as zonas hidrodinâmicas vizinhas e, em função dos níveis freáticos (estes últimos dependem das condições climáticas), junta-se por vezes à zona de arejamento ou à zona de saturação completa. Consequentemente, as zonas hidrodinâmicas das águas subterrâneas estão em contacto estreito entre si; por exemplo, as águas da zona de arejamento podem entrar na zona de saturação completa a partir da bacia de flutuação sazonal e participar na alimentação dos cursos da própria zona de circulação profunda.

Na área investigada, a elevada atividade do carste e, em geral, o espetro completo do carste está relacionado com a zona de flutuação sazonal, bem como com algumas fontes cársicas periódicas ou permanentes. O aumento ou a diminuição do débito destas fontes dura várias semanas, dependendo da duração dos períodos húmidos e secos. A intensidade da flutuação sazonal dos níveis deve ser medida em cerca de 20-30 metros no interior do planalto estrutural, o que é indicado por uma flutuação sazonal significativa em quase todas as principais fontes cársicas (Ghrudo, Mosteiro, Lezhubani, Tiri, etc.). Para além disso, como foi observado durante os levantamentos de campo, no período das águas, as cabeceiras de algumas fontes são temporariamente deslocadas mais de uma dúzia de metros.

Este facto indica que existe uma quantidade significativa de cavidades na fronteira entre as zonas de arejamento e de saturação completa, onde os níveis de água estão a mudar significativamente em relação à abundância de precipitação atmosférica. A principal razão para a subida do nível dos rios subterrâneos nas cavidades cársicas não é apenas a má transitabilidade, mas também a colmatagem das passagens de água.

A zona de saturação completa (III) estende-se ao nível do leito do rio Kvirila na região investigada (base de erosão local), ou um pouco abaixo dele. Nesta zona, as águas cársicas movem-se na direção horizontal. O seu limite inferior é determinado principalmente pela localização da base de erosão local ou pela presença de camadas subjacentes de retenção de água. As grutas horizontais estão a desenvolver-se nesta zona. As fontes permanentes e de alto débito estão também relacionadas com esta zona (Ghrudo, Mosteiro, grifo na outra margem do rio Kvirila, etc.), que abastecem principalmente a cidade de Chiatura e os seus arredores. As águas que se formam na zona de saturação completa são descarregadas no nível do rio principal, ou correm mesmo abaixo deste nível e depois saem como fontes de pressão, o que é comprovado pelos resultados das experiências com indicadores (Lezhava, etc. 1989).

As saídas das águas de pressão acima referidas estão principalmente ligadas aos sistemas cársicos fechados e às zonas de distribuição dos calcários baremianos. Estes últimos são bons colectores de águas subterrâneas. As saídas das águas de pressão foram reveladas por nós nos desfiladeiros dos rios Katskhura, Rganisghele e Jruchula, onde se supõe que existam extensas bacias de águas subterrâneas com uma complicada troca de água.

Estas bacias são supostamente as zonas prospectivas de captação de água potável. A formação de fluxos na zona de saturação completa é contribuída pela importante diferença altitudinal entre os locais de absorção e descarga de água atmosférica (cerca de 600-700 m), resultando em pressão hidrostática nas fendas. Para além disso, o afundamento comum das rochas cársicas das periferias do planalto estrutural para o centro identifica as rotas das águas cársicas subterrâneas dentro do planalto estrutural.

A distribuição dos calcários a uma profundidade importante (160-200 m) abaixo da base de erosão local (rio Kvirila) no planalto estrutural de Chiatura e na base calcária comum (acima da cidade de Chiatura, o rio Kvirila e os seus afluentes não atravessam a cobertura calcária comum até à sua base, até à peneplanície de Likhi) indica que também deve existir uma zona de circulação profunda. Este facto é igualmente confirmado pelos resultados dos trabalhos de perfuração realizados nos leitos dos rios Jruchula e Kvirila (Lezhava, 2015), segundo os quais foram detectados horizontes de teor de água a profundidades importantes.

Capítulo 3

Principais causas e factores de poluição por turvação das águas cársicas

Há zonas em que as actividades relacionadas com a extração de manganês são particularmente vulneráveis à devastação e destruição da cobertura vegetal (Figura 13).

Na região de Chiatura, a exploração da mina de manganês tem mais de 120 anos de história. Aqui, atualmente, o comprimento total dos túneis artificiais excede os 400 km numa área de 150 km^2. As explosões frequentes e poderosas realizadas nas minas contribuem significativamente para a expansão ou formação de novas fissuras nas formações calcárias e para a ativação de processos cársicos.

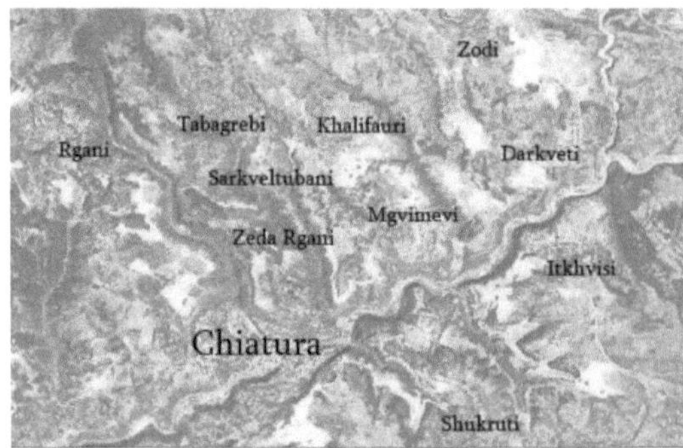

Figura 13. Distribuição das pedreiras de manganês a céu aberto do município de Chiatura (manchas brancas) através da imagem aérea

Além disso, devido ao apodrecimento dos postes de montagem nas minas abandonadas, ocorrem frequentemente colapsos em arco, provocando fissuras e a destruição do maciço, construído pelas suítes de idade Oligoceno-Mioceno localizadas nos calcários do Cretáceo, bem como fortes deformações do relevo, desenvolvimento de deslizamentos de terras e processos de erosão, secagem dos horizontes portadores de água (especialmente de Chokrak) e, em geral, uma alteração acentuada da situação hidrodinâmica da região.

Os aquíferos Karagan-Konka, Chokrak e Oligoceno-Mioceno Inferior, separados uns dos outros pelas camadas impermeáveis através de fissuras verticais formadas em resultado do colapso, estavam ligados hidrodinamicamente entre si e todos os horizontes acima mencionados, por sua vez, estavam ligados hidrodinamicamente aos calcários do Cretáceo Superior localizados abaixo deles (isto é estipulado pelo facto de não haver um horizonte impermeável comum distinto na região).

Devido ao acima mencionado, nestas áreas as precipitações atmosféricas entram diretamente nos calcários e ocorrem os processos de ativação cársica. Este processo é particularmente intenso em Perevisa, Mghvimevi, Kveda Rgani e Rgani e nos planaltos, onde as suites de manganês estão localizadas na superfície irregular dos calcários do Cretáceo Superior (Figura 14).

Figura 14. Camadas de manganês localizadas à superfície dos calcários do Cretácico Superior

O desenvolvimento de fissuras profundas levou ao colapso do teto e à destruição de algumas grutas desenvolvidas no planalto (abismo de Pirana, gruta de Kvatia, etc.). Os poços, que foram feitos pela população nos depósitos do Oligoceno-Mioceno, secaram em grande escala; as nascentes também secaram em grande escala.

Desde 1950, no planalto de Chiatura, iniciou-se a extração de minério a céu aberto, o que destruiu uma área importante (2640 hectares), não só da cobertura do solo, maciços florestais e pastagens, mas também alterou o relevo. A extração incorrecta de minério exige a remoção de cerca de 5 milhões de m^3 de rochas por ano (Gongadze, 1982). Atualmente, a área ocupada pelas rochas em mau estado é de 10-15% da área de estudo (o volume das rochas em mau estado é de 3,5 milhões de m^3 no desfiladeiro do rio Nikrisa).

A afetação horisontal e superficial (a uma profundidade de 10-45 m da superfície) de um minério muito potente que compreende camadas contribui para a extração de manganês a céu aberto. Esta forma de extração de manganês é seguida pela ativação de processos cársicos, que se exprimem pelo derrame de águas superficiais agressivas nas fissuras recentemente abertas. As explosões frequentes e fortes contribuem significativamente para o alargamento das antigas e para a criação de novas fissuras. Nas partes sudoeste e leste do planalto de Darkveti, as suites do Oligoceno e do Mioceno inferior situadas acima dos calcários foram quase totalmente removidas devido à extração de manganês em minas a céu aberto. Formaram-se muitos sumidouros nas rochas danificadas, a partir do fundo dos quais a água se infiltra nos calcários (Figura 15).

Figura 15. Rochas danificadas após o processamento de manganês a céu aberto

A situação é semelhante nos planaltos de Mgvimevi, Itkhvisi, Perevisa, Rgani e outros. As suites de manganês nos planaltos de Perevisa e Rgani estão frequentemente localizadas diretamente nos calcários fissurados do Cretáceo Superior, o que intensifica o processo de consumo de água.

Além disso, durante as chuvas fortes, ocorre uma erosão intensa das rochas soltas e as águas poluídas entram diretamente nas fontes cársicas através das fissuras, o que conduz frequentemente à turvação e à poluição das águas potáveis de Chiatura (Figura 16).

Figura 16. O relevo de badland permaneceu após o processamento do manganês

As explosões frequentes nas pedreiras contribuem não só para a deformação do relevo e a formação de fissuras, mas também para a poluição atmosférica. Devido às explosões, são emitidas diariamente 3-4 toneladas de poeiras e manganês para a atmosfera. Nos 180000 m^3 de águas residuais poluídas, que fluem anualmente para o rio Kvirila a partir das instalações de lavagem de manganês, contêm 5000 toneladas de partículas flutuantes.

A concentração atual de partículas flutuantes e de produtos petrolíferos (que é igual a 3995 m.gr/l e 24 m.gr/l, respetivamente) na água purificada é várias vezes superior aos valores-limite estabelecidos (6,0 m.gr/l e 0,3 m.gr/l, respetivamente) (Davitaia, 1988). Altamente contaminados estão os afluentes do rio Kvirila, em cujos leitos o manganês é lavado depois de retirado das minas (Figura 17).

A população local utiliza frequentemente os poços e os sumidouros cársicos como aterros sanitários a céu aberto; registámos muitos desses aterros nos planaltos de Rgani, Mgvimevi, Bunikauri, Darkveti, Sveri e outros, nas aldeias e nas zonas circundantes (figura 18). A sua ligação com as fontes Ghrudo, Monastristskali, Kldekari, Tiri e outras fontes envolvidas no sistema de abastecimento de água da cidade de Chiatura foi efetivamente comprovada com base nas experiências com indicadores.

Figura 17. O rio Rganisghele poluído pelos resíduos de manganês lavados

Figura 18. Sumidouros cársicos e poços transformados em aterros sanitários por população

Em más condições estão os edifícios principais e as bacias de captação de água das fontes individuais envolvidas no abastecimento de água da cidade de Chiatura, a maioria das quais está desactualizada e precisa de ser actualizada. Nalguns deles, as regras sanitárias não são de todo respeitadas. A nossa indignação e surpresa foram especialmente suscitadas pelo estado do edifício principal de Lezhubani no leito do rio Rganisghele (na sua jusante) e, em especial, na bacia de captação de água, onde não são observadas quaisquer medidas sanitárias e de segurança. Qualquer pessoa pode entrar livremente no território (mesmo os animais domésticos); encontrámos tampas de tanques de água abertas por todo o lado, onde descemos e vimos a insanidade - havia folhas na água, bem como sacos de plástico; a cor da água tinha mudado e observaram-se manchas de óleo (Figura 19).

Figura 19. Edifícios de cabeça contaminados e bacias de captação de água no leito do rio Rganisghele

Pensávamos que este edifício principal não estava a funcionar, mas como identificámos mais tarde, uma parte significativa da população de Chiatura é abastecida com uma água recolhida nesta bacia de captação que cria riscos de contaminação orgânica e bacteriológica da água potável.

<h1 style="text-align:center">Capítulo 4</h1>

<h2 style="text-align:center">Características hidroquímicas das águas cársicas</h2>

Para resolver uma série de questões relativas à carstogénese (migração de substâncias, formação da composição da água cársica subterrânea, etc.) no planalto estrutural de Chiatura e à composição química da água cársica (nomeadamente, macro e microelementos dos cursos de água de superfície, das nascentes cársicas e dos cursos de água das grutas), e para identificar o regime químico, a nossa equipa expedicionária realizou uma série de estudos hidroquímicos. Para o efeito, foram processadas em laboratório cerca de uma dúzia de amostras (as análises químicas foram efectuadas no Laboratório de Química Analítica da Universidade Estatal Ivane Javakhishvili Tbilisi (Figura 20).

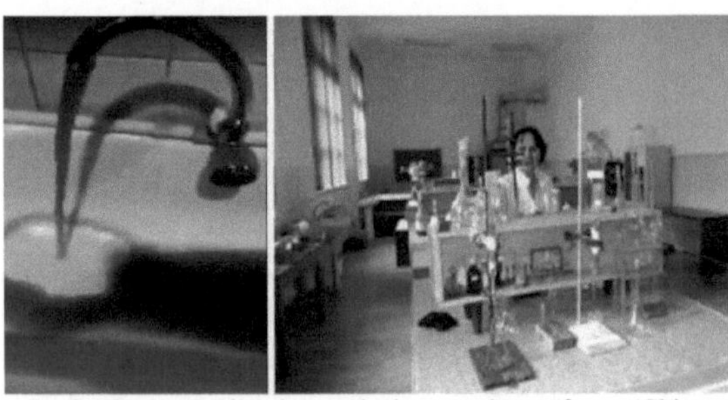

Figura 20. Água contaminada na torneira observada durante chuvas fortes (Chiatura; foto - de fonte da Internet) e controlo de amostras de água no Laboratório de Química Analítica da Universidade Estatal de Tbilisi

Os resultados da investigação revelaram que na região investigada a mineralização da água cársica subterrânea é 1,5-3 vezes superior aos indicadores correspondentes de outras regiões cársicas da Geórgia (Supatashvili, et al., 1990). A razão não é apenas a complexa estrutura litológica-estratigráfica da região, mas também a ampla distribuição de minas de manganês. Nas áreas de minas a céu aberto, ocorre uma lavagem intensiva de substâncias das rochas soltas (especialmente durante chuvas fortes). Devido à razão mencionada, na margem esquerda do rio Kvirila, onde as pedreiras estão relativamente menos representadas, as nascentes cársicas são cerca de duas vezes menos mineralizadas do que na sua margem direita (Σi 422 e 712 mg.l^{-1} respetivamente).

No exemplo das águas subterrâneas do planalto de Zemo Imereti, pode observar-se uma relação estreita entre as rochas de base da região e a composição química das águas cársicas (Quadro 3).

Tabela 3. Correlação entre a composição química das águas cársticas subterrâneas e as rochas de base da região

Rocks	pH	Mg.l⁻¹						
		Cl⁻	SO₄²⁻	HCO₃⁻	Na⁺	Mg²⁺	Ca²⁺	Σᵢ
Pure limestone	8,03	0,4	1,1	183	3,3	5,0	51,4	244
Sandy and marl Limestone	7,83	1,2	6,6	242	4,9	9,4	64,1	328
Dolomite Limestone, gypsum	7,62	8,9	165	261	15,6	34,0	91,0	575

As menos mineralizadas são as águas que lavam calcários puros. Por valores máximos distinguem-se os iões principais (Σi) das águas que lavam dolomite, magnesite, gesso e outras rochas. A alta mineralização das águas sulfatadas - magnésicas é estipulada pela boa capacidade de solubilidade do gesso e do magnésio em comparação com os calcários devidos.

A mineralização aumenta regularmente nas amostras de água que estudámos, pela seguinte ordem: ribeiro de superfície - nascente - ribeiro da gruta. No entanto, os desvios também são encontrados. Em particular, a mineralização anormalmente alta (Σi - 960 mg.l⁻¹) é caraterística do rio Nekrisa, que é alimentado também por fontes cársticas de alta mineralização e riachos de cavernas (Σi 1052-2290 mg.l⁻¹ respetivamente). Neste caso, estas elevadas taxas de mineralização devem-se principalmente à grande distribuição de pedreiras de manganês nas bacias de alimentação das águas cársicas subterrâneas. O afluxo frequente de águas influentes é uma das principais razões para a diminuição da mineralização das correntes das grutas (Tabela 4).

Tabela 4. Alteração do valor da mineralização (Σi) nas diferentes secções da gruta

Caves	Number of samples	Σ_i. mg.l⁻¹			
		Entrance	Exit	Tributary	From stalactites
Khvedelidze-ebisklde	7	371	385	-	401
Shvilobisa	7	347	302	312	275
The pits	8	1800	1959	1892 (lake)	-

O teor de manganês e boro nas águas cársicas que investigámos é maior do que o das águas de superfície de outras regiões da Geórgia (Quadro 5).

Este facto pode ser explicado pela ampla distribuição de minério de manganês na região investigada e por uma relação direta entre o teor de boro e os valores de mineralização nas águas naturais (o coeficiente de correlação é de +0,84).

Tabela 5. Teor de microelementos (mkg.l^{-1}) e acidez (mg.l^{-1}) nas águas subterrâneas cársicas do planalto de Zemo Imereti

Acidity element	Karst sources		Cave streams		Surface waters of Georgia	
	Min.-Max.	Average	Min.-Max.	Average	Min.-Max.	Average
B	0,06-0,50	0,22	0,02-0,09	0,29	0,01-0,07	0,04
Sr	0,75-1,00	0,86	0,90-1,12	1,03	-	-
Al	0,03-0,08	0,06	0,03-0,10	0,04	0,01-0,08	0,03
Mn	0,05-0,14	0,09	0,08-0,15	0,12	0,00-0,19	0,02
Fe	0,01-0,22	0,03	0,01-0,35	0,05	0,00-0,37	0,06
Acidity	0,1-1,1	0,9	0,1-2,5	0,6	0,5-7,0	-

Com base na identificação prévia da acidez permangana no riacho da gruta e na fonte cársica, a existência de sulfureto de hidrogénio foi documentada apenas em dois casos (gruta de Tuzi; nascentes nas proximidades da aldeia de Tuzi). No entanto, no futuro, devem ser realizadas investigações profundas e qualificadas neste sentido, uma vez que o facto mencionado e uma série de centros de absorção de água contaminada detectados durante os nossos estudos de campo e, além disso, as suas ligações directas às fontes cársicas não excluem a ameaça de poluição orgânica e bacteriológica da água potável.

<h1 style="text-align:center">Capítulo 5</h1>

<h2 style="text-align:center">Resultados do rastreio de corantes em águas cársicas subterrâneas
(ensaios indicadores)</h2>

Para reforçar os nossos pontos de vista e as nossas suposições com base nos estudos realizados (a fim de os comprovar na prática), bem como para identificar a relação direta entre os centros de perda de água poluída por nós detectados e as fontes cársicas utilizadas como água potável, a nossa equipa de expedição realizou as experiências indicadoras (rastreio de águas corantes) nas diferentes partes do planalto estrutural de Chiatura.

Para as experiências que realizámos, foi utilizado um método de marcação na água. Para este efeito, seleccionámos a fluoresceína pura que pode ser detectada no curso de água mesmo em caso de grande diluição. Lançámos a solução corante tanto nos cursos de água de superfície previamente detectados como nas fossas e buracos. Para registar um corante, lançado no centro de absorção de água, colocámos os sacos de carvão ativado nos centros de descarga previstos. Este carvão tem uma capacidade de adsorção ou de contenção da fluorescência. Contém mesmo a menor quantidade de fluoresceína na água e mantém-na durante muito tempo. O carvão ativado pode ser separado da fluorestceína a qualquer momento através de uma solução alcoólica de KOH a 5%.

Identificámos a existência da substância detectada na solução filtrada através do fluoroscópio improvisado (que utilizamos com êxito há anos), equipado com duas lâmpadas de impulso ultravioleta e um filtro de luz púrpura (figura 21). Neste caso, não são necessários turnos diários nos pontos de controlo. Além disso, em alguns pontos de controlo, foi possível determinar a velocidade da corrente através da mudança periódica dos sacos de carvão.

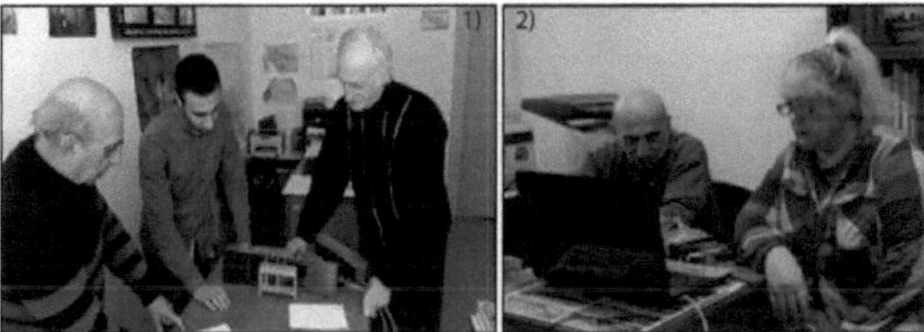

Figura 21. 1) Controlo laboratorial da solução diluída de fluorosceína na água através do fluoroscópio; 2) Durante os trabalhos de gabinete

A primeira experiência foi realizada no centro de perda de água do rio Rganisghele (afluente direito do rio Kvirila) na área da pedreira ativa de calcário, a 1,5 km para além das fontes extraídas de Lezhubani. 3 kg de solução de fluorosceína foram lançados no referido centro de absorção de água (Figura 22).

Entretanto, em todas as fontes suspeitas, onde se previa o aparecimento de água tingida com fluoresceína, foram instalados postos de controlo com sacos de carvão ativado. Após 4 horas de lançamento do corante na água, a água da nascente do Mosteiro, envolvida no abastecimento de água de Chiatura, estava claramente tingida e o resultado da água tingida durou várias horas. Noutras nascentes, o fluxo tingido não foi observado visualmente, mas o exame laboratorial do carvão ativado mostrou um sinal positivo de passagem de fluoresceína através das fontes Ghrudo e Chikauri.

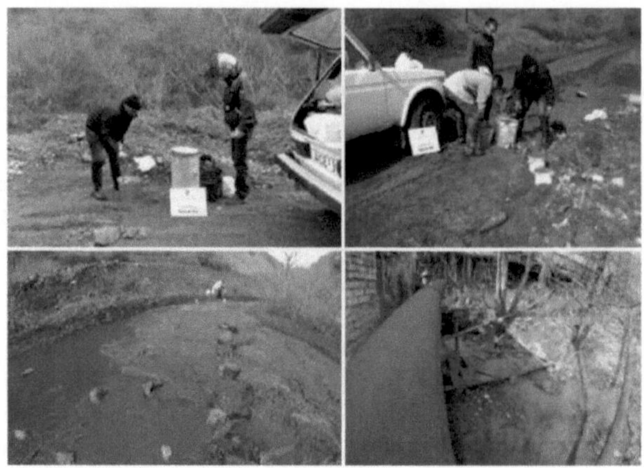

Figura 22. Experiência realizada no leito do rio Rganisghele e no ribeiro tingido observado na fonte do Mosteiro

Assim, foi provado experimentalmente que as fontes absorvidas no leito do rio Rganisghele fluem ao longo da linha de falha tectónica, passam o fundo do rio Bogiristskali por baixo e descarregam na fonte do Mosteiro, que está envolvida no sistema de abastecimento de água de Chiatura. Parte da nascente chega à nascente do Ghrudo (Figura 23, Quadro 6).

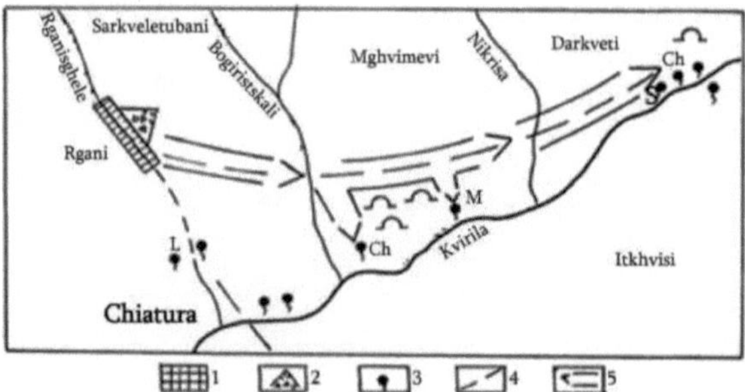

Figura 23. Esquema do movimento do fluxo de água subterrânea obtido por experiências indicadoras efectuadas no leito do rio Rganisghele

1 - Centro de absorção de água (local de queda de tinta);
2 - Pedreira de calcário;
3 - Fontes cársicas: Ghr - Ghrudo, S - Nascente perto de Ghrudo, Ch -chikauri, M- Mosteiro, L- Lezhubani;
4 - Linhas de falha;
5 - Direção do movimento das águas subterrâneas

Quadro 6. Resultados das experiências com indicadores no leito do rio Rganisghele

Checkpoint name	Absolute height, m	The distance among the water loss and exits, km	The dye passage time, h	Groundwater flow movement speed, m / h km / day
Monastery spring	355	3	4	750/18
Bogiristskali River	375	2,5	3	833/20
Ghrudo	370	6	9	667/16
A spring near Ghrudo	368	5,8	8	725/17.4
Chikauri tskaro	363	3,5	72	48/1.2

A experiência indicadora seguinte foi realizada num dos antigos sumidouros (720 m a.s.l.) situado no topo do horizonte dos resíduos de manganês no planalto de Rgani (Figura 24), onde, no período das chuvas, os cursos de água temporários entram e atravessam as fissuras em profundidade. Nesta altura, a fluoresceína de 3,5 kg foi lançada na água.

18 horas depois do lançamento do corante, a água marcada foi detectada na nascente do Mosteiro, através da verificação com um saco com carvão. O fluxo da corrente tingida não foi detectado visualmente nos outros pontos de controlo. Os testes laboratoriais de carvão ativado confirmaram o fraco sinal da passagem de fluoresceína apenas nas fontes de Tskhrili e Tiri após um longo período de tempo (Figura 25 e Quadro 7).

Figura 24. Experiência realizada num dos sumidouros do planalto de Rgani

Figura 25. Esquema do movimento do fluxo de água subterrânea obtido pelas experiências indicadoras efectuadas no Planalto de Rgani

1 - Local de lançamento da tinta;
2 - Pedreira de calcário;
3 - Fontes cársicas:M- Mosteiro, L - lezhubani; Ts - Tskhrili,Ghr - Ghrudo, T- Tiri;
4 - Linha de falha;
5 - Direção do movimento das águas subterrâneas

Quadro 7. Resultados das experiências com indicadores no planalto de Rgani

Checkpoint name	Absolute height, m	The distance between the water loss and exits, km	The dye passage time, h	Groundwater flow movement speed, m/h km/day
Monastery	355	5,7	18	$\frac{316}{7.5}$
Tiri	420	5,5	240	$\frac{23}{0.5}$
Tskhrili	610	1,5	192	$\frac{8}{0.2}$

Nos últimos anos, a nossa equipa de expedição realizou experiências semelhantes com indicadores nas partes nordeste e leste da área de estudo: num caso, o corante foi emprestado no ponor de absorção de água cársica localizado no Planalto Darkveti, e no segundo caso - no ponor de absorção de água localizado na área de fiação de algodão de Sachkhere (Lezhava, et al., 1990; Jashi, et al., 1997).

O traço de fluorosceína emprestado foi descoberto em todas as fontes cársicas de grande ou pequeno débito, que desaguam no fundo do precipício lateral do planalto de Chiatura. Por conseguinte, não considerámos necessário repetir a experiência nesta parte da região.

As experiências com indicadores foram efectuadas também na margem esquerda do rio Kvirila. Para o efeito, foram estudados muitos sumidouros cársicos, poços e grutas no planalto de Sveri. A população local utiliza a parte dos sumidouros cársicos como aterros sanitários. A maior parte deles é terminada por pontões ou transformada em poço, e nalguns sumidouros surgem lagos temporários. Estes últimos estão frequentemente inundados e muito poluídos.

Nas três áreas mencionadas do planalto de Chiatura, foram efectuadas as três experiências com indicadores - num dos sumidouros cársicos poluídos pelo lixo no planalto de Sveri, na gruta de Kotiasklde e na gruta de Zakariasklde. Em todos os três casos, a água tingida com fluoresceína foi observada nas fontes envolvidas no sistema de abastecimento de água da cidade de Chiatura e voou no território das aldeias. Os resultados das experiências são apresentados nas imagens, esquemas e quadros (Figura 26 e 27; Quadros 8 e 9).

Figura 26. Resultados das experiências com indicadores

Assim, as experiências indicadoras (método de rastreio de águas corantes), por nós realizadas, confirmaram basicamente o contacto direto dos cursos de água subterrâneos que fluem para os centros de perda de água poluída existentes no planalto com as fontes de água envolvidas no abastecimento de água da cidade de Chiatura e das aldeias vizinhas. Ao mesmo tempo, foram identificados os limites da bacia de alimentação das fontes cársicas, a partir da qual se espera que as águas poluídas cheguem ao sistema de abastecimento de água (Figura 28).

Figura 27. Esquema do fluxo dos cursos de água subterrâneos obtido por experiências com indicadores efectuadas no planalto de Sveri

1 - Local de lançamento da tinta: S. w. - Poço de Sveri, K. C.- Gruta de Kotiasklde;

2 - Fontes cársicas: K - Kldekari, Ghr.- Ghrudo, B - Bondi,K- Kvabisi, T- Tvalueti, Ts - Tsereteli;

3 - Direção do movimento das águas subterrâneas

Quadro 8. Resultados das experiências com indicadores no planalto de Sveri

Checkpoint name	Absolute height, m	The distance between the water loss and exits, km	The dye passage time, h	Groundwater flow movement speed, m / h km / day
Kldekari	560	1,8	60	30 / 0,7
Tsereteli	570	2,2	62	35,5 / 0,85
A spring on the left slope of the Sadzalekhevi River	580	1	24	41,6 / 1,0
Rekevisa River	550	3	64	47 / 1,1

Quadro 9. Resultados das experiências com indicadores no planalto de Sveri

Checkpoint name	Absolute height, m	The distance between the water loss and exits, km	The dye passage time, h	Groundwater flow movement speed, m / h km / day
Kvabisi	660	1,5	130	$\frac{11,5}{0,27}$
Ghrudo	370	11,5	240	$\frac{48}{1,1}$
Kldekari	560	4,5	172	$\frac{23,3}{0,55}$
Tsereteli	570	4,5	176	$\frac{25,5}{0,6}$

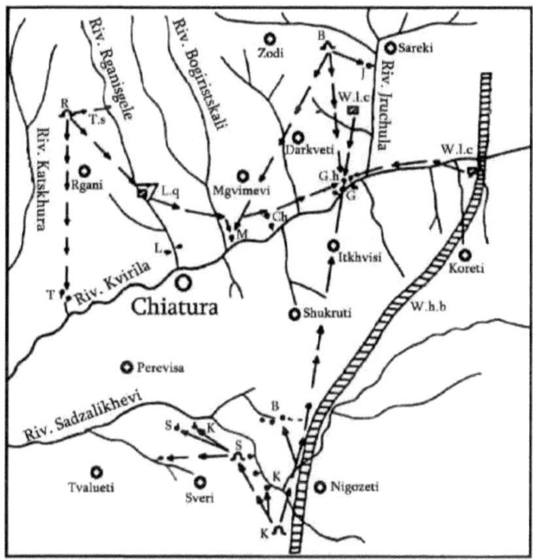

Figura 28. Esquema do movimento do fluxo de águas subterrâneas obtido pelas experiências indicadoras efectuadas no planalto estrutural de Chiatura

→ → - *Direção do movimento das águas coloridas*
Cavidades cársicas: *P- Pirana abyss, B- Baratashvilis shaft, S-Sveri well, K-Kotiasklde;*
As principais nascentes cársicas: *Gh- Ghrudo, M- Mosteiro, P- Pardulisklde,*
J- Jruchula griphon, G- Gaghma; Ch- Chikauri, L-Lezhubani; T-Tiri,
Ts-Tskhrili, S- primavera perto de Ghrudo, B- Bondi, K- Kvabisi, T-Tvalueti,
Ts-Tsereteli, K-Kldekari, W.l.c.- Centro de perdas de água, L.q.- Pedreira de calcário,
W.h.b.-Bacia hidrográfica de bacias hidrogeológicas.

Conclusões

Os estudos laboratoriais, de campo e experimentais revelaram o papel importante dos factores antrópicos na formação do carste e na poluição por turvação das fontes de água. Acontece que as actividades económicas erradas, as condições geológicas e a subestimação do papel das peculiaridades cársico-hidrológicas e a ignorância da previsão geoecológica causaram a ativação dos processos cársicos juntamente com outras consequências negativas; criou-se uma situação geoecológica pesada nas bacias de alimentação das fontes cársicas, muitas fontes secaram e a poluição por turvação das águas envolvidas no sistema de abastecimento de água tornou-se frequente.

A partir dos objectivos do projeto, com base nas investigações realizadas, foram reveladas as principais causas, factores e centros de poluição por turvação das águas cársicas utilizadas para beber e envolvidas no sistema de abastecimento de água da cidade de Chiatura e das aldeias vizinhas:

1. As extracções subterrâneas e a céu aberto de manganês expandiram-se por quase toda a área de 170 km^2 no planalto de Chiatura, o que levou a alterações no relevo, na cobertura vegetal do solo e no regime hidrológico das águas superficiais e subterrâneas. O desmoronamento dos arcos das minas abandonadas e a exploração de pedreiras foram seguidos de fissuras e fortes deformações das superfícies construídas por sedimentos soltos do Oligoceno-Mioceno, bem como de deslizamentos de terras e processos de erosão, e também da secagem de aquíferos e, em geral, de uma alteração acentuada da situação hidrogeológica da região.

Os aquíferos Karagan-Konka, Chokrak e Oligoceno-Mioceno Inferior, separados uns dos outros pelas camadas impermeáveis em resultado do colapso, e os aquíferos calcários do Cretácico Superior foram ligados hidrodinamicamente uns aos outros, o que intensificou o influxo de precipitações atmosféricas, activou os processos cársicos e contribuiu para a poluição por turvação dos cursos de água subterrâneos do carste.

A extração de minério de manganês a céu aberto na região de Chiatura é efectuada de forma incorrecta, devido à remoção de suites de minério à base de calcário, permanecendo os resíduos de rochas más sob a forma de aterros irregulares após a conclusão dos trabalhos de abertura, pelo que não são nivelados e recultivados.

Durante as chuvas intensas, ocorre a lavagem intensiva de substâncias das rochas soltas e danificadas e, através das fracturas, pontões e sumidouros expostos em resultado dos trabalhos mineiros, as águas turvas e poluídas entram diretamente nas fontes cársicas, o que implica a poluição por turvação das águas potáveis de Chiatura. Estas ligações foram identificadas com base em experiências com indicadores.

2. A lavagem do manganês, escavado no planalto de Chiatura, tem lugar nos leitos dos afluentes do rio Kvirila, que também contém a ameaça adicional em termos de turvação-poluição das águas cársicas envolvidas no sistema de abastecimento de água de Chiatura. Neste caso, o rio Rganisghele (o afluente direito do rio Kvirila.) é particularmente notável, em cujo leito está em curso um intenso processo de lavagem de minério de manganês e de poluição da água, o que é inaceitável e arriscado, porque aqui, ao longo do leito do rio, passa a linha de falha, e no leito são observados os centros de perda de água; com base em experiências indicativas, confirmámos praticamente a relação das águas poluídas com seturato de manganês que vazam dos centros de perda de água acima mencionados com a fonte do mosteiro envolvida no sistema de abastecimento de água de Chiatura. Para este processo contribui também a pedreira de calcário aberta na encosta esquerda do leito do rio, onde as explosões produzidas aumentam ainda mais o risco de fuga de

água sob o leito do rio.

3. No planalto de Chiatura, perto das aldeias, o problema dos aterros sanitários não está regulamentado. Utilizam-se maciçamente os poços, poços e poços como aterros, o que é absolutamente inaceitável, porque as formas cársicas mencionadas têm contacto direto com as correntes cársicas subterrâneas. As águas que aí se acumulam durante as chuvas e o derretimento da neve, fluem durante o dia sob a forma de fontes cársicas, a maioria das quais é utilizada como água potável (por exemplo, poço e gruta de Tuzi, poços de Sveri, poços de Mandaeti, poços, etc.).

4. O mecanismo de proteção e controlo dos edifícios centrais e das bacias hidrográficas está completamente desmoronado. É possível aceder livremente às bacias de captação de água. Não existe qualquer controlo sanitário; as entradas para as bacias estão abertas ou sem fechaduras. Nas bacias, a água está descolorida e contaminada, onde há muitas folhas e poeira. Não há filtragem e cloração da água.

- Com base na descodificação estrutural das imagens aéreas do planalto estrutural de Chiatura, também com base nas análises das secções geológicas e dos furos de sondagem, foi restaurada a topografia do leito da fase tectónica superior (Mesozoico-Cenozoico) do planalto e foi feito o zonamento paleomorfo-estrutural do planalto estrutural de Chiatura, onde foram distinguidas as duas bacias hidrogeológicas, e em cada bacia hidrogeológica foram documentadas as bacias subterrâneas (locais de prospeção de abastecimento de água potável) de concentrações de água cársica relacionadas com a zona de circulação em profundidade sob o leito do rio Jruchula e nas imediações de Sachkhere, a partir das quais se espera obter águas limpas através dos furos para o abastecimento de água da cidade de Chiatura e arredores.

• As direcções das correntes cársicas subterrâneas no planalto estrutural de Chiatura são determinadas pela submersão total das rochas cársicas da periferia para o centro, bem como pelos deslocamentos das falhas, que controlam em grande parte a absorção das correntes subterrâneas e as suas rotas de movimento. Esta hipótese foi praticamente confirmada com base nas experiências indicadoras realizadas por nós.

• Foram especificadas as bacias de alimentação das fontes de Lezhubani, Monastery, Tiri e outras, envolvidas no sistema de abastecimento de água de Chiatura. A sua alimentação é efectuada a partir dos planaltos de Sareki, Darkveti-Zodi, Mgvimevi, Bunikauri, Tabagrebi e Zeda Rgani, situados entre o rio Katskhura e Sachkhere, bem como dos cursos de água subterrâneos formados nos planaltos da margem esquerda do rio Kvirila e das águas que vazam dos leitos de alguns dos afluentes do rio Kvirila (por exemplo, Rganisghele). Parece que, dentro destes limites, se forma um sistema hidrogeológico cársico unido com recursos hídricos dinâmicos, a maior parte dos quais se descarrega nas águas cársicas envolvidas no sistema de abastecimento de água da cidade de Chiatura e das aldeias vizinhas. Este facto, para além do seu significado científico, reveste-se de grande importância prática, na medida em que dentro das fronteiras mencionadas é possível que as águas poluídas cheguem ao sistema de abastecimento de água de Chiatura a partir de quaisquer locais cársicos sem qualquer problema.

• Estudos hidroquímicos identificaram que a mineralização das águas cársicas (400 - 700 mg/l) da área investigada é 1,5 - 3 vezes superior aos mesmos dados de outras regiões cársicas da Geórgia. A razão para este facto não é a estrutura litológica-estratigráfica tão complexa da região, mas o processamento a céu aberto, que facilita os processos de remoção e lavagem dos produtos de demolição sob o solo. No lado esquerdo do rio Kvirila, onde as pedreiras estão relativamente menos representadas, as fontes cársicas são quase duas vezes menos mineralizadas do que as do lado direito (423 - 712 mg/l, respetivamente).

• Encontram-se também nascentes cársicas com uma mineralização anómala elevada (960 -

2290 mg/l), que está associada a uma ampla distribuição de pedreiras de manganês. Nas águas cársicas da área investigada, o teor de manganês e boro (respetivamente: 0,22-0,29 mg/l e 0,04 mg/l) é maior do que noutras regiões cársicas da Geórgia. Em alguns dos cursos de água (por exemplo, na gruta de Tuzi) foi também documentado o sulfureto de hidrogénio. A existência de aterros sanitários, registados por nós em redor das povoações, e os resultados da análise química da água não excluem o perigo de poluição orgânica e bacteriológica das águas cársicas.

• As estatísticas oficiais sobre doenças e mortes relacionadas com a poluição da água potável, do ar e do solo (alto desempenho) não estão disponíveis no município de Chiatura. De acordo com a informação obtida por nós sobre os resultados da investigação de organizações e agências individuais, as doenças e enfermidades relacionadas com a contaminação da água potável, do ar e do solo estão a aumentar. O principal fator poluente continua a ser o manganês e as doenças prevalecentes relacionadas com ele são: coniose por manganês, manganismo, dermatite, asma brônquica, etc.

• O Departamento de Toxicologia Preventiva do Instituto de Investigação do Trabalho, Medicina e Ecologia (Diretor: Rusudan Javakhadze) (chefiado pela Dra. Inga Gvineria) descobriu, após anos de investigação no município de Chiatura, que determinadas concentrações e quantidades de manganês afectam a saúde reprodutiva das pessoas e provocam a redução da capacidade de fertilização das mulheres e dos homens e perturbações menstruais. Em primeiro plano estão as doenças do sistema nervoso, o cancro e as doenças das crianças, bem como.

Recomendações

A fim de reduzir a turvação das fontes cársicas e proteger a água potável da poluição, é necessário adotar as seguintes medidas

■ Os trabalhos agrícolas devem ser proibidos nas encostas significativamente inclinadas dos sumidouros cársicos nos arredores de Chiatura. As minas exploradas devem ser preenchidas com materiais inertes. Devem ser utilizados métodos limitados e civilizados para a transformação do manganês a céu aberto, e a recultivação deve ser efectuada rapidamente nas zonas das pedreiras abandonadas. Em particular, o terreno desarrumado constituído por rochas de má qualidade deve ser aplanado e a vegetação natural e a cobertura do solo devem ser recuperadas atempadamente. As medidas recomendadas reduzirão significativamente o processo de lavagem dos taludes e dos terrenos desarrumados, aumentarão o escoamento de sólidos nos cursos de água superficiais e subterrâneos e, por conseguinte, reduzirão a poluição por turvação das fontes cársicas;

■ As obras de restauro devem ser efectuadas a um ritmo acelerado, em primeiro lugar no sul do planalto de Darkveti, no sudoeste dos planaltos de Mghvimevi e Rgani e nas partes sudeste do planalto de Rgani, de onde provém principalmente a perturbação periódica das águas das fontes do mosteiro, de Lezhubani e de Ghrudo;

■ Cancelar a instalação de lavagem de manganês no leito do rio Rganisghele. Parar as explosões na pedreira de calcário no leito do rio, uma vez que este é atravessado pela linha de falha tectónica e mesmo um pequeno empurrão pode levar a resultados inesperados e indesejáveis (abertura súbita das fendas e fuga de águas poluídas em grande quantidade). Limpar o leito do rio dos materiais de talus e do lixo industrial e restaurar o seu estado natural. Declarar o leito do rio Rganisghele como zona de proteção sanitária da água potável.
Após a limpeza do leito do rio, deve ser efectuado o enchimento-cimentação dos centros de absorção de água por nós revelados. É melhor isolar o fluxo na secção da pedreira e da falha tectónica com o canal de betão, uma vez que o escoamento intensivo nas fissuras ocorre na secção mencionada.

■ Interromper a extração de manganês nos poços abertos nas imediações do abismo de Pirana (planalto de Rgani), porque na área mencionada passa a falha tectónica e, a partir deste local, o Mosteiro e outras fontes vauclusas, envolvidas no sistema de abastecimento de água de Chiatura, são abastecidas, o que também é comprovado pelas experiências com indicadores;

■ Estabelecer um controlo rigoroso e proibir a utilização de buracos, poços e poços para aterros. Em particular, identificar a área e o número desses aterros espontâneos; limpar os locais contaminados e colocar faixas com inscrições especiais, enquanto nas zonas rurais ou nas proximidades, colocar contentores de lixo especiais para a população. Caso contrário, se a população não for protegida, isso levará não só à contaminação das fontes, mas também à poluição orgânica e bacteriológica;

■ Nos edifícios de cabeceira das águas cársicas utilizadas para consumo e nas zonas das bacias de deposição, é necessário restabelecer o serviço de controlo e de vigilância (atualmente cancelado). É necessário mudar as tubagens amortecidas, instalar bacias de deposição (algumas bombas de água estão a funcionar sem bacia de deposição) e filtros, que permitem evitar o fluxo inesperado de águas muito turvas e poluídas para o sistema de abastecimento;

■ A água potável do município de Chiatura é gerida por três empresas: 1. Georgian Manganese, 2. United Water Supply Company, e 3. O município local. Em caso de poluição da água, estas empresas fogem à responsabilidade, e a população está a sofrer com a utilização de água potável contaminada há anos.

■ De acordo com a legislação em vigor, as águas potáveis são registadas no balanço do município local e, em regra, o procedimento de controlo também lhe deve ser confiado. No início de 2000, foi celebrado com o investidor, neste caso, com a "Georgian Manganese", um acordo criminoso, segundo o qual o sistema de abastecimento de água - condutas, reservatórios, bacias, etc. - pertence à "Georgian Manganese", que declara não estar envolvida no projeto, pertence ao "manganês da Geórgia", que afirma não estar envolvido no processo de distribuição (abastecimento) de água e, por conseguinte, com base no acordo, a lei não responsabiliza a sua empresa pela realização dos trabalhos de limpeza dos filtros de água potável, uma vez que apenas necessita destes reservatórios e condutas de água para lavar o manganês e para o seu próprio consumo técnico e, se o manganês ou outros poluentes entrarem nas condutas, não tem qualquer responsabilidade.

■ Verifica-se que um dos principais poluidores da água potável é a "Georgian Manganese"; esta possui o sistema de abastecimento de água, extrai o manganês através de métodos impróprios, lava o minério onde e como lhe apetece, obriga a população a beber a água poluída e isenta-se de qualquer responsabilidade. Por sua vez, a "United Water Supply Company" também é culpada, uma vez que o departamento de gestão da qualidade da água da empresa, responsável pelos exames laboratoriais da água, acredita que está tudo bem e que a qualidade da água está em conformidade com as normas, enquanto a nossa investigação e os materiais obtidos de organizações independentes mostram que nem tudo está em ordem. Mesmo no início de 2016, no cano de água potável de Pasknara, as bactérias coli ou os bacilos entéricos foram revelados e documentados juntamente com outras substâncias duras, o que mais tarde foi transmitido pela televisão local. Mas a United Water Supply Company manteve o silêncio e obrigou a população a beber a água poluída durante um determinado período.

■ De acordo com os factos acima referidos, consideramos necessário rever o acordo com a "Georgian Manganese"; organizar a centralização do abastecimento de água da região de Chiatura (na posse de uma única estrutura) e, através da supervisão, controlo e autorização do organismo central, realizar quaisquer actividades económicas e de construção no município, uma vez que os nossos estudos confirmaram que a seguinte bacia de alimentação das fontes cársicas envolvidas no abastecimento de água cobre totalmente os planaltos estruturais de Chiatura e que as águas poluídas podem entrar no sistema de abastecimento de água de Chiatura a partir de quaisquer locais cársicos.

■ A complicada situação geológica e ecológica do planalto estrutural de Chiatura impõe a necessidade de alargar os estudos cársico-hidrológicos e espeleológicos e a monitorização permanente da água potável, na medida em que se trata de um problema muito importante de abastecimento de água à população do centro industrial mais importante do nosso país - a cidade de Chiatura.

Referências

Asanidze, Lasha, Avkopashvili, Guranda, Tsikarishvili, Kukuri, Lezhava, Zaza, Chikhradze, Nino, Avkopashvili, Marika, Samkharadze, Zurab, Chartolani, Giorgi. 2017. Geoecological Monitoring of Karst Water in Georgia, Caucasus (Case Study of Racha Limestone Massif). Open Journal of Geology, Vol, 7, No, 6. p. 822-829.

Asanidze, Lasha, Chikhradze, Nino, Lezhava, Zaza, Tsikarishvili, Kukuri, Polk, Jason, Chartolani, Giorgi. 2017. Estudo sedimentológico de cavernas no planalto Zemo Imereti, Geórgia, região do Cáucaso. Open Journal of Geology, 2017, 7, p. 465-477.

Asanidze, L., Tsikarishvili, K. e Bolashvili, N. 2013a. Cave Tourism Potential in Georgia (Potencial turístico das grutas na Geórgia). O 2.º Simpósio Internacional sobre as Montanhas Kaz (Monte Ida) e Edremit, Edremit-Turquia, 3-5 de maio de 2013, Actas e Resumos, 243-247.

Asanidze, L., Tsikarishvili, K. e Bolashvili, N. 2013b. Speleology of Georgia. 16° Congresso Internacional de Espeleologia, em Brno, República Checa. julho de 2013. Actas e Resumos, 29-32.

Davitaia E. 1988. Especificidades da transformação tecnológica de paisagens e peculiaridades do recultivo (sobre o exemplo da mina de manganês de Chiatura). Trabalhos da Sociedade Geográfica da URSS, Vol. XVII, Tbilisi.

Gamkrelidze P.D. 1969. A estrutura e o desenvolvimento da parte ocidental da vertente sul do Grande Cáucaso e do bloco georgiano. "Geotectónica", n.º 4, Tbilisi.

Gongadze M.A. 1982. A formação do relevo antropogénico no Planalto de Chiatura. Bull. Asc. of Georgian SSR, I07, No. 3, Tbilisi.

Jashi G., Lezhava Z., Amilakhvari Z., Gigineishvili G., Zardalishvili T., Tavartkiladze Sh., Tabidze D., Tatashidze Z. 1997. Estudo das particularidades cársico-hidrológicas e geofísicas da bacia subterrânea de Ghrudo. Trabalhos do Instituto Geofísico GAS M. Nodia, GCL. Tbilisi.

Kakhadze I.R. 1941. Para a estratigrafia do Cretáceo Superior da periferia norte do maciço de Dzirula. Bull. Asc. Georgian SSR, Vol. II, No. 8, Tbilisi.

Lezhava Z. 2015. Planalto Zemo Imereti e carste de regiões adjacentes. Tbilisi, "Universali", 290 p.

Lezhava Z., Gigineishvili G., Tatashidze Z. 1989. Resultados do estudo das rotas subterrâneas das águas cársicas no planalto estrutural de Chiatura. Sessão científica no Instituto de Geografia de Vakhushti. Tbilisi.

Lezhava Z., Bolashvili N., Tsikarishvili K., Asanidze L., Chikhradze N. 2015. Características hidrológicas e hidrogeológicas do carste da plataforma (planalto Zemo Imereti, Geórgia). Conferência Sinkhole 2015. Rochester, Minnesota, EUA. 93-100.

Lezhava Z., Gigineishvili G., Tabidze D., Tintilozov Z., Kipiani Sh., Tsikarishvili, K. 1990. New data on the karst- hydrogeological peculiarities of the Chiatura Plateau. Resumo da Sessão Científica, Instituto de Geografia Vakhushti Bagrationi. Tbilisi.

Lezhava Zaza, Tsikarishvili Kukuri, Bolashvili Nana, Asanidze Lasha, Chikhradze Nino, Chartolani George, Monitorização da água potável do município de Chiatura; Monografia, Editora "UNIVERSAL", Tbilisi, 2017, 143 pp., ISBN 978-9941-26-042-1.

Maruashvili L.I. 1961. Karst of Zemo Imereti and its place in the development of the modern relief. Coll. Regional karstology. P/h AN USSR, Moscovo.

Supatashvili G.D, Lezhava Z.I., Tintilozov Z.K., Shioshvili L.Sh. 1990. Hydrochemical characteristics of the karst areas of Zemo Imereti. Academia de Ciências da Geórgia, 140, n.º 2, Tbilisi.

Tintilozov Z.K. 1976. Karst caves of Georgia (morphological analysis). Tbilisi, 275 p.

Breve informação biográfica dos autores

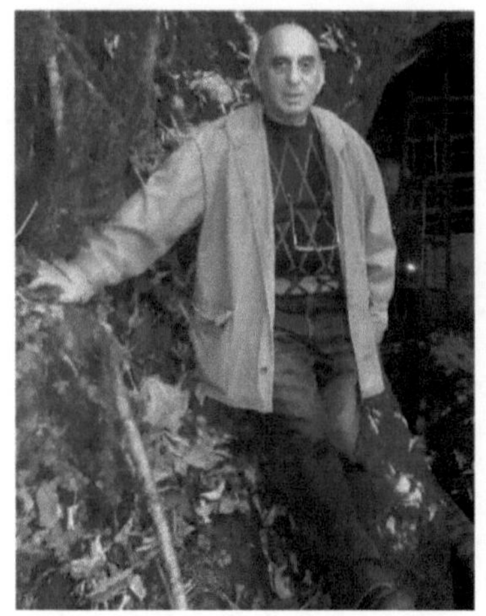

Zaza Lezhava - Doutor em Geografia, investigador sénior, karstólogo, espeleólogo. Desde 1980, trabalha no Instituto de Geografia TSU Vakhushti Bagrationi.

Participou em estudos complexos sobre os objectos espeleológicos dos maciços calcários de Gumishkha-Psirtskha, Migaria, Racha, Zemo Imereti, Ertso-Kudaro, Sataplia-Tskaltubo e Odishi.

Com a sua participação direta, foi realizada uma investigação detalhada do Prometeu (Tskaltubo) e de outros sistemas de cavernas, bem como dos projectos relacionados com a contaminação das águas cársicas utilizadas como água potável e para o abastecimento de água a várias povoações (Chiatura e outras).

Com base no exemplo do planalto estrutural de Zemo Imereti, revelou os sistemas isolados de fluxos cársicos fissurais, que são condicionados por deslocações disjuntivas, juntamente com a tendência de geração de um nível comum de águas cársicas subterrâneas nas condições da plataforma cársica. Ocupa-se dos problemas de carsto- e espeleogénese. Publicou duas monografias, cerca de 60 trabalhos de investigação e científicos populares, dos quais 20 em publicações estrangeiras.

Kukuri Tsikarishvili - Doutor em Geografia, investigador sénior, espeleo-climatologista. Trabalha há muitos anos no Instituto de Geografia TSU Vakhushti Bagrationi e é presidente do Clube de Espeleologia da Geórgia. Participou diretamente em cerca de 200 pesquisas em grutas.

Tsikarishvili Kukuri é autor de mais de 100 artigos científicos e de 8 monografias; elaborou recomendações práticas para a utilização de grutas para fins de espiloterapia e de espeloturismo, bem como para a resolução de problemas de abastecimento de água em zonas povoadas, etc.

Nana Bolashvili - Doutora em Geografia; Directora do Instituto de Geografia Vakhushti Bagrationi da Universidade Estatal Ivane Javakhishvili Tbilisi; Presidente da Sociedade Geográfica da Geórgia. As principais direcções da sua investigação são as investigações sobre a formação de águas cársicas, a gestão sustentável dos recursos hídricos, as inundações, etc.

Lasha Asanidze - Doutor em Geografia. Espeleóloga; investigadora no Instituto de Geografia da TSU.

Interessa-se pela investigação dos processos cársicos. Estuda os termos de formação (génese) das grutas, a sua geomorfologia e a hidrogeologia cársica. Sob a sua direção direta, foi realizado um estudo complexo do maciço calcário de Racha. Utilizando tecnologias modernas, trabalha na obtenção de modelos tridimensionais de grutas cársicas, o que é uma novidade na espeleologia da Geórgia. A sua área de investigação inclui também as águas cársicas. Elaborou recomendações sobre a concessão do estatuto de monumento da natureza às grutas cársicas.

Em 2007-2017, participou em conferências científicas internacionais e locais. É autor de cerca de 20 trabalhos científicos, muitos dos quais publicados em revistas estrangeiras de elevada classificação. Nos anos de 2014-2016, fez estágios de investigação científica em várias universidades dos Estados Unidos, onde tem uma grande experiência em investigação cársica. Ganhou vários projectos científicos (financiados pela Fundação Nacional de Ciência Shota Rustaveli), relacionados com o estudo de processos cársicos. Lasha Assanidze é delegado oficial da Federação Espeleológica Europeia.

Nino Chikhradze - Geógrafa; desde 2006 trabalha no Instituto de Geografia TSU Vakhushti Bagrationi. Desde 2010 é aluna de doutoramento na Universidade Estatal de Ilia e também aluna de doutoramento do programa de intercâmbio doutoral 2013-2014 na Escola de Ciências da Terra, Universidade do Minho, Portugal. A sua área de interesse é a multiespectral. Participou em conferências locais e internacionais, bem como em vários projectos de investigação educacional e científica na Geórgia e fora das suas fronteiras, financiados tanto por programas nacionais (Fundação Nacional de Ciência Shota Rustaveli, etc.) como por programas de organizações internacionais (Comissão Europeia Tempus-Tassis, Erasmus-Mundus-Electra, etc.).

Nino Chikhradze tem mais de 50 publicações, incluindo artigos em revistas locais e estrangeiras revistas por pares, currículos e livros didácticos para estudantes, monografias, bem como publicações editoriais e de tradução. Além disso, é membro de várias organizações de investigação científica, incluindo o Clube de Espeleologia da Geórgia e é também Vice-Delegada da Federação Europeia de Espeleologia.

 **George Chartolani** é estudante do curso de Bacharelato IV na Universidade Estatal Ivane Javakhishvili de Tbilisi. Desde 2015, trabalha na TSU Vakhushti do Instituto de Geografia Bagrationi. Em 2016-2017, participou nos programas de intercâmbio internacional e na escola sazonal interdisciplinar. Participou no estudo complexo de Zemo Imereti, Racha, Migaria, sul de Imereti (Bzvani) e maciços calcários de Okhajkue. Com a sua participação direta, realizou pesquisas detalhadas em Muradi, Mandaeti (Zakariasklde), Usholta e outras grutas. Publicou 5 artigos científicos, incluindo 2 - em revistas estrangeiras.

Zaza Lezhava, Kukuri Tsikarishvili, Lasha Asanidze, Nana Bolashvili, Nino Chikhradze, George Chartolani

45

Investigação ecológica das águas cársicas na parte central da Geórgia

Printed by Books on Demand GmbH, Norderstedt / Germany